Pooja Kaintura

Avaliação de Antirrhinum majus em condições de proteção

AF665253

Pooja Kaintura

Avaliação de Antirrhinum majus em condições de proteção

ScienciaScripts

Imprint

Any brand names and product names mentioned in this book are subject to trademark, brand or patent protection and are trademarks or registered trademarks of their respective holders. The use of brand names, product names, common names, trade names, product descriptions etc. even without a particular marking in this work is in no way to be construed to mean that such names may be regarded as unrestricted in respect of trademark and brand protection legislation and could thus be used by anyone.

Cover image: www.ingimage.com

This book is a translation from the original published under ISBN 978-3-659-86028-7.

Publisher:
Sciencia Scripts
is a trademark of
Dodo Books Indian Ocean Ltd. and OmniScriptum S.R.L publishing group

120 High Road, East Finchley, London, N2 9ED, United Kingdom
Str. Armeneasca 28/1, office 1, Chisinau MD-2012, Republic of Moldova, Europe
Printed at: see last page
ISBN: 978-620-8-31664-8

Copyright © Pooja Kaintura
Copyright © 2024 Dodo Books Indian Ocean Ltd. and OmniScriptum S.R.L publishing group

Conteúdo

RECONHECIMENTO

Com uma humildade sem limites, estou grato ao Todo-Poderoso por me ter concedido pais tão afectuosos, as personalidades mais veneradas da minha vida, cujo sacrifício desinteressado, sugestões sábias e cautelosas, bênçãos sinceras, afeto e fé firme fizeram deste manuscrito uma fraca recompensa.

Expresso a minha mais sincera veneração e gratidão ao meu estimado orientador, Dr. Y. C. Gupta, Departamento de Floricultura e Paisagismo, Faculdade de Horticultura, Universidade de Horticultura e Silvicultura, Nauni, Solan, pelo seu grande interesse, orientação valiosa, julgamento inabalável e encorajamento constante durante todo o curso do meu estudo. Não tenho palavras para exprimir a minha reverência perante ele.

Estou muito grata ao Dr. S.RDhiman to, ao Dr. Rajesh Bhalla, à Dra. (Sra.) Bharti, à Dra. (Sra.) Pooja Sharma e à Dra. (Sra.) Priyanka Thakur pela sua avaliação honesta e pelas suas sugestões valiosas.

(Pooja Kaintura)

LISTA DE ABREVIATURAS

%	:	Per cent
^{0}C	:	Degree Celsius
CD	:	Critical difference
cm	:	Centimeter
cv.(s)	:	Cultivar(s)
d.f.	:	Degree of freedom
E	:	East
e.g.	:	For example
et al.	:	Co-Workers
Fig.	:	Figure
gm	:	gram
i.e.	:	That is
K	:	Potassium
Kg	:	Kilogram
l	:	litre
m	:	meter
m^2	:	Square meter
mg	:	milligram
ml	:	milli Litre
N	:	Nitrogen
NS	:	Non-significant
P	:	Phosphorus
ppm	:	parts per million
RBD	:	Randomized Complete Design
RHS	:	Royal Horticulture Society of London
v/v	:	Volume by volume
viz	:	Namely

CAPÍTULO 1:

INTRODUÇÃO E IMPORTÂNCIA DO *Antirrhinum majus L*

A Antirrhinum majus L. (Huxley et al., 1992) é uma flor com uma forma curiosa e cores magníficas. É vulgarmente conhecida por Snapdragon ou dogflower. O nome deriva da palavra grega anti (como) e rhinos (focinho). Na linguagem das flores, Antirrhinum significa presunção.

O Antirrhinum é uma importante cultura de flores de corte cultivada em todo o mundo. A sua produção nos Estados Unidos representava 1,3% da produção total de flores de corte em 1978 (U.S. Dept. of Commerce, 1982); este valor aumentou para 1,7% do total em 1987 (U.S. Dept. of Commerce, 1991). Desde então, a sua produção diminuiu e foi incluída na categoria de flores cortadas diversas, mas o valor total desta categoria tem vindo a aumentar de forma constante nos últimos dez anos.

O Antirrhinum é nativo da região mediterrânica e é um membro da família Scrophulariaceae. Existem 40 espécies neste género e as espécies comuns são *A. majus, A. molle, A. glandulosum, A. sempervirens, A. glutinosum* e *A. microphyllum.* Outros géneros importantes pertencentes a esta família são *Calceolaria, Hebe, Penstemon, Verbascum e Veronica.* A inflorescência da *Antirrhinum majus* é um racemo terminal com numerosas flores individuais perfeitas. Cada flor é suportada num pedicelo curto ao longo do caule com cinco pétalas lobadas; que se dividem em mandíbulas superiores e inferiores. Os três lóbulos ou lábios inferiores são tipicamente espalhados, contendo quatro estames (dois longos e dois mais curtos) e um pistilo com estigma e estilo claros. Os dois lóbulos ou lábios superiores são erectos e formam uma "boca". A base da corola está fundida num tubo. A flor de *A.majus* é zigomórfica, completa e hermafrodita.

O Antirrhinum é uma erva perene, mas é geralmente cultivada como planta anual de inverno na maior parte do mundo. Trata-se de uma planta herbácea, erecta, com cultivares de cores muito variadas. Floresce na primavera, produzindo espigas com floretes de diferentes cores e tonalidades, como branco, creme, amarelo, rosa, salmão, rosa, malva, vermelho, magenta e bicolores. Pode ser facilmente cultivada sem qualquer exigência cultural específica. Apresenta uma relação custo-benefício elevada e um ciclo de cultura curto. As variedades médias e altas de Antirrhinum, com uma altura de 75 a 150 cm, são muito adequadas para a flor de corte. Também pode ser utilizada em vários planos paisagísticos, jardins ornamentais e bordaduras herbáceas. As variedades anãs são arbustivas e são muito úteis para bordaduras, janelas e vasos, enquanto as variedades de arrasto são utilizadas para cestos suspensos.

Embora o Antirrhinum seja uma planta quantitativamente de dias longos (Hedley, 1974), também é capaz de florescer em dias curtos. Antes de 1926, o Antirrhinum era cultivado para a produção de flores de corte apenas nos meses de verão, nas condições americanas, mas com a introdução de cultivares capazes de produzir espigas de boa qualidade nos meses de inverno, é possível produzir flores de corte de qualidade durante todo o ano. Tem sido utilizada como planta-modelo para a genética bioquímica e do desenvolvimento. A maior parte dos protocolos desenvolvidos para a *Arabidopsis,* incluindo os de purificação de ácidos nucleicos, proteínas e organelos e de deteção de ARN e proteínas *in situ,* podem ser aplicados diretamente à *Antirrhinum.* Possui também certas propriedades medicinais. Os russos cultivavam os snapdragons em grande escala para extrair óleo das suas sementes, que é igual ao azeite (Genders, 1969). As plantas possuem propriedades amargas e estimulantes. São também utilizadas como diurético, para o escorbuto, tumores, como detergente e adstringente. Em tempos mais antigos, é valorizada como um conservante contra a feitiçaria. Segundo Teofrasto, o uso de *Antirrhinum* conferia a um homem graça, humor e glória aos olhos dos pobres e dos ricos (Coats, 1968).

A novidade é sempre procurada nas culturas florícolas e existe uma variabilidade suficiente no Antirrhinum em termos de parâmetros de floração e pós-colheita.

CAPÍTULO 2:

REVISÃO DE LITERATURA:

Embora o Antirrhinum seja uma popular planta anual com floração de inverno, normalmente utilizada em paisagismo em áreas residenciais e comerciais. Mas nos países ocidentais também é utilizado como flor de corte e é cultivado em estufas, mas há muito pouca informação disponível na Índia sobre o desempenho do cultivo de Antirrhinum em condições protegidas.

Por conseguinte, foram realizadas investigações para avaliar o desempenho de selecções de *Antirrhinum majus* em condições protegidas. Neste capítulo, foi feita uma tentativa de rever o trabalho realizado sobre o cultivo geral e a avaliação de *Antirrhinum majus* e outras culturas.

Cultivo geral

O Antirrhinum pode ser propagado assexuadamente por cultura de tecidos (Pfister e Widholm, 1984; Sangwan e Harada, 1975), mas a propagação por sementes é mais comummente utilizada comercialmente. Montero *et al.* (1990) relataram que as sementes de Antirrhinum, quando tratadas com GA3 a 100 ou 150 mg/ml ou pré-refrigeradas durante 10 a 15 dias, resultaram na maior percentagem de germinação (8590%) e no melhor desenvolvimento das plântulas.

Rak e Nowak (1988) referiram que, para a produção mais precoce de flores de corte, o Antirrhinum também pode ser propagado por estacas em estufa. Concluíram que o NAA e a mistura de NAA + IAA (2000 + 500 ppm) aumentaram consideravelmente a formação de raízes em Antirrhinum. Rak e Nowak (1989) também trataram estacas enraizadas de Antirrhinum cvs. 'Uan' e 'Irena' com GA em concentrações de 100, 200, 300, 400 ou 500 mg/l. Todas as concentrações aumentaram a altura das plantas em 'Uan' e 'Irena'. Todas as concentrações aumentaram a altura da planta em 'Uan', mas nenhuma teve um efeito significativo na altura da planta em 'Irena'. O GA não teve efeito na floração.

Sanderson e Martin (1984) avaliaram as cultivares de Antirrhinum pertencentes aos grupos I, II,

III e IV que crescem em condições protegidas nos EUA e sugeriram que as cultivares do grupo I se adaptam melhor a dias curtos, baixa intensidade de luz e temperaturas mínimas de 50°F, as do grupo II se adaptam melhor às condições de luz e temperatura que ocorrem entre 15 de fevereiro e 10 de maio, as cultivares do grupo III produzem caules e espigas de boa qualidade durante o final da primavera e no outono, e as cultivares do grupo IV têm melhor desempenho durante os meses de verão. Das e Das (1981) relataram que as plântulas de Antirrhinum cv.'Tip Top White' deram o melhor resultado em termos de altura de planta (107cm), número de folhas, número de flores e rendimento de sementes (2,07g/planta) para a data de plantação de 15 de outubro nas condições de Orissa. Loeser (1977) sugeriu que o antirrhinum pode ser forçado a florescer entre 20 de maio e 7 de junho em estufa de plástico frio, semeando no final de dezembro. Noto e Romano (1989) relataram que a mudança da data de sementeira de novembro para abril reduziu o tempo médio necessário para a floração de 160 para 90 dias em diferentes híbridos Fi de Antirrhinum. Inaba *et al.* (2005) referiram que o número de dias entre a sementeira e a floração era mais longo quando as sementes eram semeadas em outubro e mais curto quando semeadas em junho.

Avaliação do genótipo em diferentes condições

Kamp e Hall (1946) avaliaram seis variedades comerciais para determinar o efeito de duas alturas diferentes de cobertura (pinching) no número de rebentos originalmente produzidos, na produção total de espigas de flores e no seu comprimento e na altura da floração. Os investigadores constataram que, nas seis variedades, a cobertura mais baixa produziu espigas mais longas. As espigas das plantas com copa baixa e alta tinham em média 23,36 e 20,54 polegadas, respetivamente. As plantas com a cobertura no terceiro nó produziram uma média de 5,02 espigas por planta, enquanto as plantas com a cobertura no quinto nó produziram 6,48 espigas por planta. O aumento do número de espigas com a maior cobertura variou de 3,3% a 48,2% de acordo com a variedade. Em todas as variedades, as plantas com a cobertura no quinto nó entraram em produção mais cedo do que as com a cobertura mais baixa. Por conseguinte, recomendou-se a cobertura no quinto nó, uma vez que proporciona um maior número de espigas e uma colheita mais precoce.

Flint (1960) estudou os efeitos da duração e intensidade da luz na produção de matéria seca em plântulas de Antirrhinum. Ele relatou que uma determinada quantidade de luz aplicada durante uma longa duração diária produziu mais matéria seca. A longa duração em todos os níveis de luz também resultou em maior área foliar e alongamento do caule. Miller (1962) referiu que a temperatura óptima para as plantas de Antirrhinum pode depender não só da intensidade da luz mas também do tamanho da planta. A temperatura óptima para o crescimento da cv. 'Brokers Tip', medida pelo peso seco, foi de cerca de 80°F para plântulas pequenas e diminuiu progressivamente para cerca de 55-60°F para plantas maiores em flor. A temperatura óptima para o crescimento da cv. 'Rockwoods Summer Pink ≠ 1' também diminuiu à medida que o seu tamanho aumentou, embora tenha sido um pouco mais elevada do que a temperatura óptima para a cv. 'Brokers Tip'. A alteração da temperatura óptima esteve intimamente associada à alteração da relação entre o peso das folhas e o peso seco total.

Sanderson e Link (1967) estudaram plântulas de Antirrhinum das cvs. 'Wintergreen' e 'Florida' sob vários tratamentos de temperatura e fotoperíodo. A abertura do primeiro florete ocorreu mais cedo quando as plantas foram cultivadas a 70°F do que a 62°F ou 52°F. As plantas que receberam luz suplementar a meio da noite floresceram mais cedo do que as plantas cultivadas num dia natural não suplementado ou num dia de nove horas. A cv. 'Wintergreen' floresceu mais cedo do que a cv.' Florida' em qualquer combinação de temperatura e fotoperíodo. O peso fresco, a altura, o número de florzinhas e o número de folhas foram maiores quando as plantas foram cultivadas a 52°F do que quando cultivadas a 70°F, e foram reduzidos pela suplementação do dia natural ou do dia de nove horas com luz no meio da noite. A cv. 'Florida' excedeu a cv. 'Wintergreen' nestas medidas de crescimento. A qualidade da flor foi reduzida quando as plantas foram cultivadas a

70°F. O maior número de flores de alta qualidade foi produzido a 52 °F. As plantas cultivadas num dia de nove horas produziram a maior força média do caule. Os caules das plantas cultivadas num dia de nove horas foram mais fortes do que os caules de outros fotoperíodos. A cv 'Florida' tinha um caule mais forte do que a 'Wintergreen'.

Hedley (1974) estudou os efeitos do comprimento do dia e da intensidade da luz na taxa de crescimento e no número de folhas de uma variedade de Antirrhinum de floração precoce ("Pink Ice") e tardia ("Orchid Rocket"). A taxa de crescimento, determinada pela altura da planta ou pelo peso seco, aumentou com o aumento da duração do dia e da intensidade da luz. A Cv. A cv. 'Pink Ice' teve um maior aumento da taxa de crescimento em comparação com a cv. 'Orchid Rocket', mas o número de folhas antes da floração atingido pela 'Orchid Rocket' foi sempre superior ao da cv. 'Pink Ice'. Alta intensidade de luz e dias longos resultaram em uma média de 30 folhas a menos do que o número encontrado em plantas cultivadas em dias curtos (SD) com alta intensidade de luz. A 'Pink Ice' apresentou esta resposta fotoperiódica a dias longos independentemente de a intensidade luminosa ser alta (26.000 lux) ou baixa (6.000 lux), enquanto o número de folhas da 'Orchid Rocket' diminuiu apenas em dias longos quando a intensidade era alta. As plantas desta variedade cultivadas em dias longos com pouca luz tinham um número de folhas semelhante ao das plantas mantidas em dias curtos com alta intensidade de luz.

Stefanis e Langhans (1982) relataram que a irradiação suplementar com sódio de alta pressão (HPS) de snapdragons *(Antirrhinum majus* L.) cultivados em estufa a uma densidade de fluxo quântico (QFD) de 105±15μE m s^{-2} $^{-1}$ reduziu o tempo de floração, o peso fresco e aumentou o comprimento do caule.

Inaba e Ohtsuka (2002) investigaram os efeitos da temperatura nocturna de inverno na resposta de floração do snapdragon *(A.majus)* em cultivo com e sem pinça. No cultivo com pinça, à medida que a temperatura nocturna aumentava, a floração do caule acelerava, resultando na floração sob o primeiro nó para a cv. 'Hatsuharu' e 'Light Pink Butterfly 2', e no segundo nó da cv. 'Verne', respetivamente. As produções de flores de corte de 'Hatsuharu' e 'Verne' foram maiores a uma temperatura nocturna de 16°C, mas a 'Light Pink Butterfly 2' não foi afetada por diferentes temperaturas nocturnas. No cultivo sem pinçamento da 'Light Pink Butterfly 2', a floração acelerou com o aumento da temperatura nocturna. As temperaturas nocturnas adequadas no inverno para a produção de flores de corte de snapdragon foram sugeridas como sendo 6-11°C, 11°C e 16°C para 'Hatsuharu', 'Light Pink Butterfly 2, ' e 'Verne', respetivamente. Inaba e Horiuchi (2003) estudaram o Snapdragon *(A.majus)* cvs 'Maryland Pink', 'Light Pink Butterfly 2' e 'Verne' cultivados sob duas temperaturas nocturnas (6°C e 11°C) e dois fotoperíodos (dia natural e dezasseis horas de duração do dia) no inverno, com e sem tratamento de pinching. No cultivo em pinching, a floração do caule foi acelerada pela temperatura nocturna elevada, mas não foi acelerada pelo tratamento de dia longo. No cultivo sem pinching, todo o período de crescimento foi acelerado por uma temperatura nocturna elevada, mas apenas o desenvolvimento da flor foi acelerado pelo tratamento de dia longo. O número de nós da planta diminuiu com o tratamento de dia longo.

A nutrição das plântulas jovens e dos plugs não deve ser negligenciada se se pretender obter plantas em quantidade e floração repetida (Larson *et al.*, 1985; Rogers, 1951). Os níveis de azoto devem ser adequados numa fase inicial do crescimento para assegurar o desenvolvimento de caules fortes e espessos (Boodley, 1962). Hood *et al.* (1993) compararam a absorção de nutrientes de quatro cultivares durante três fases de desenvolvimento do crescimento (plântula à iniciação floral, iniciação ao botão floral visível e botão visível à colheita) e observaram que o nível nutricional não deve ser reduzido na fase final de desenvolvimento. Hedley *et al.* (1977) compararam numerosos híbridos F_1 de cultivares de Antirrhinum cultivados em vários níveis de azoto, tendo sido encontradas diferenças significativas entre cada cultivar em qualquer nível de azoto. Nos híbridos F_1 , os níveis crescentes de azoto aumentaram o número de flores. O comprimento da espiga diferiu entre as cultivares mas não variou com os níveis de azoto.

Hood e Mills (1994) referiram que a absorção de NO_3 -N, NH_4 N, P, K, Ca, Mg, B, Fe, Mn e Zn respondeu quadraticamente ao aumento da temperatura. A temperatura em que a absorção de nutrientes foi mais elevada variou consoante o nutriente, mas oscilou entre 15 °C e 29 °C. O peso seco das plantas e o comprimento do caule também responderam de forma quadrática ao aumento da temperatura. A temperatura óptima, tanto para a absorção de nutrientes como para o crescimento, foi em média de 22 °C. Fu *et al.* (1992) referiram que a absorção de P era baixa em Antirrhinum na fase de plântula, mas aumentava significativamente após a floração. O fosfato de rocha era uma fonte pobre de P no meio artificial ligeiramente ácido e foi observada uma deficiência de P nas plantas. A farinha de ossos e o superfosfato foram boas fontes de P, sendo o primeiro particularmente bom durante a floração. No entanto, o cálcio, o magnésio e o fosfato foram as melhores fontes, resultando num aumento linear da absorção de P e em flores maiores e de cores mais vivas.

Ichimura *et al.* (2005) sugeriram que o tratamento de Antirrhinum cortado com 10-500 mM de manitol promoveu marcadamente o desenvolvimento de botões florais e o alongamento de espigas, acompanhado de um aumento no número de nós. Juang *et al.* (2001) sugeriram que a sacarose era eficaz no aumento do peso fresco do Antirrhinu quando utilizada em pulsing como pré-tratamento. A sacarose também prolonga a vida do vaso, aumenta a taxa de floração, diminui o pH das pétalas e mantém a cor das pétalas. A concentração de sacarose acima de 6% reduziu a mudança na cor das pétalas. Ichimura (1998) sugeriu que o tratamento com sacarose (50 g/litro) foi eficaz para melhorar a vida de vaso da flor cortada de snapdragon *(Antirrhinum majus).*

Avaliação de diferentes genótipos

Kumari e Misra (2009) avaliaram genótipos de snapdragon para fins de flor de corte. A altura da planta variou de 120,33 cm (SD-42) a 9,50 cm (SD-51). A dispersão das plantas variou de 8,00 cm (SD-48) a 66,00 cm (SD-24). O genótipo de snapdragon SD-37 apresentou o número máximo de ramos primários por planta (68,00), enquanto o número máximo de ramos secundários por planta foi encontrado no genótipo SD-30 (875,00). O genótipo SD-24 produziu o número máximo de folhas por planta (1241,00). Em antirrhinum, a altura da planta variou de 54 cm (Híbrido 6-Sel.37 x Sel.23) a 103 cm (Híbrido 17- Sel.20 x Sel.29) e a dispersão da planta variou de 21,50 cm a 43,00 cm no Híbrido 2 (Sel.8 x Sel.37) e no Híbrido 4 (Sel.113 x Sel.52), respetivamente, conforme relatado por Gupta *et al.* (2010).

Jauhari e Singh (2006) avaliaram 10 linhas puras e seus 45 cruzamentos de *Antirrhinum majus* L. durante 2003-2006 e relataram que o diâmetro da espiga variou de 4,29 a 12,61 mm, o peso máximo da espiga foi observado em SA-1 X AG-4 e o comprimento máximo da espiga foi encontrado em SA-1, seguido por SA-1 x AG-1. O diâmetro máximo de floretes foi registado em AG-3 x AG-5. O cruzamento AG-1 x Sant-11 resultou no número máximo de floretes por espiga em ambos os anos. A vida de vaso variou de 11 a 14,45 dias durante o primeiro e o segundo ano, mas variou de 10,22 a 21,50 dias. O máximo de vida de vaso durante o primeiro e segundo ano foi observado com os híbridos SA-1X AG-4 e AG-4 X Sant-22.

Singh e Jauhari (2006) avaliaram as 21 linhas de *Antirrhinum majus* L. para diferentes caraterísticas durante 2003-2004 e 2004-2005. Foi registada uma variação significativa em todos os parâmetros de crescimento. O número máximo de ramos secundários por planta foi observado em 'PSG 18', o número de folhas (2670,33) com 'PSG 12', enquanto que as linhas 'PSG 3' e 'PSG 1' resultaram num número máximo de nós (28,33) e índice foliar (5,36), respetivamente. Todos os parâmetros de floração e pós-colheita também foram significativamente influenciados pelas várias linhas. O número máximo de florzinhas por espiga e o número de florzinhas no vaso foram registados em 'PSG 6'. A 'PSG 20' apresentou um comprimento máximo de ráquis (12,55 cm), enquanto que apresentou uma perda máxima de peso da espiga durante o período de vida do vaso. No entanto, 'PSG 18' apresentou perda de peso mínima (%) e peso máximo de espiga na senescência, absorção de água e vida de vaso. A abertura máxima de floretes (%) foi registada em "PSG 19".

Jauhari e Singh (2005) estudaram 21 genótipos durante 2003-2004, para avaliar a diversidade presente na população de Snapdragon *(Antirrhinum majus* L) relativamente a diferentes caraterísticas de crescimento e floração. O germoplasma apresentou uma variação significativa em vários parâmetros de crescimento e floração. Os germoplasmas AG-14 e AG-13 registaram a altura máxima e mínima da planta, respetivamente, enquanto o comprimento máximo da folha foi registado no germoplasma AG-5. No entanto, a área foliar foi máxima no germoplasma AG-19. O germoplasma AG-7 resultou no maior comprimento internodal. Foi observada uma ampla gama de cores de floretes, desde branco, creme, amarelo, laranja, cor-de-rosa a vermelho, em diferentes germoplasmas. O germoplasma AG-6 apresentou o número máximo de floretes por espiga (23,51) e o número mínimo (8,67) foi registado no germoplasma AG-9, mas este deu floretes maiores (4,80 cm). Foi observada uma variação de 24,52 cm (AG-19) a 37,05 cm (AG-18) no comprimento da espiga.

Schroeder e Stimart (2001) efectuaram uma análise genética da longevidade das flores de corte em *Antirrhinum majus* e referiram que a longevidade pós-colheita é um traço quantitativo e que existe uma relação positiva entre o número de flores abertas e a PHL. O murchamento dos floretes conduziu a uma menor PHL, enquanto o escurecimento dos floretes foi associado a uma PHL mais longa. Martin e Stimart (2000) avaliaram flores de corte e plantas inteiras de *Antirrhinum majus* L. para determinar a hereditariedade de caraterísticas importantes para o melhoramento e a produção. Os caracteres avaliados estavam relacionados com a arquitetura da planta, incluindo a altura, o peso e o hábito de ramificação; os caracteres de qualidade, incluindo a longevidade pós-colheita da flor de corte, os dias de floração, o tamanho e a uniformidade da região floral, o diâmetro e a resistência do caule e o número de floretes que se abrem após a colheita; e os caracteres relacionados com a fisiologia pós-colheita, como a área foliar da flor de corte, os sintomas de senescência e o índice estomático.

Stieve e Stimart (1994) realizaram estudos de longevidade pós-colheita com *Antirrhinum majus*, envolvendo a avaliação de flores cortadas de variedades comerciais consanguíneas e híbridos F_1 em água desionizada (dH_2 O). A PHL das variedades autóctones variou de 3 a 18 dias, com uma média de 7,5 dias. Em geral, as raças com flores brancas tiveram PHL mais longo e as raças de outras cores tiveram PHL mais curto.

Von-Auw (1990) avaliou 40 cultivares em condições de estufa quanto à resistência a doenças e observou que as cultivares 'Sonnet', 'Sprite', 'Floral Carpet', 'Carioca' e 'Pumila' apresentaram boa resistência à ferrugem *(Puccinia antirrhin*).

Howe e Waters (1988) avaliaram várias cultivares de Snapdragon para fins paisagísticos em Bradenton, separadamente na primavera e no outono. As cultivares com floração mais precoce em ambas as estações foram as do grupo anão 'Pumilum', seguidas pelas de altura intermédia do grupo 'Nanum' e pelas cultivares altas do grupo máximo. A cultivar mais precoce na primavera foi a 'Tahiti', que floresceu 8 dias mais cedo do que a 'Floral Carpet'. As plantas cultivadas no outono eram mais curtas e floresciam mais cedo do que as da primavera. As variedades anãs e intermédias foram consideradas excelentes para a produção de canteiros.

Singh e Arora (1980) avaliaram 13 cultivares de Antirrhinum para vários caracteres de crescimento e floração. Foram observadas diferenças varietais significativas para todos os caracteres estudados. A amplitude máxima de variação foi observada na altura da planta e a mínima no tamanho da flor. Grose e Edwards (1979) estudaram a genética da diferença de tempo de floração em quatro linhas consanguíneas de *Antirrhinum majus* que diferem no tempo de formação da flor quando semeadas a 25^0 C. Três das quatro linhas produziram os primeiros botões florais vários dias antes da quarta linha. Os efeitos de alguns factores ambientais na floração das linhas também foram estudados e verificou-se que a temperatura tem o maior efeito na expressão da diferença de floração e também mostra interação com a variação genética.

Rabinowitch *et al.* (1976) avaliaram sete híbridos F_1 de Antirrhinum (4 híbridos do tipo precoce e 3 do tipo tardio) em diferentes datas de plantação de agosto a dezembro. Houve um intervalo de duas semanas em cada data de plantação consecutiva. Os autores relataram que o tempo entre a sementeira e a abertura da primeira flor variava consoante as cultivares e que a extensão desta diferença dependia do ambiente em que as plantas eram cultivadas. As plantas das cultivares precoces das três primeiras sementeiras demoraram menos dias a induzir a floração do que as tardias, mas demoraram mais dias a produzir uma flor após essa indução, embora as cultivares tardias florescessem progressivamente mais cedo com as sementeiras sucessivas. O número de dias decorridos entre o abrolhamento e a floração manteve-se relativamente constante.

Raulston (1970) estudou as vinte e três cultivares de Antirrhinum durante o inverno e a primavera em estufa e classificou-as em quatro grupos de resposta com base na sua época de floração. Os grupos I e II (cultivares com floração tardia no outono e no inverno) floresceram mais cedo com um caule mais curto e mais leve do que as cultivares dos grupos III e IV (floração na primavera, no verão e no início do verão). A plantação de outono produziu plantas maiores e de melhor qualidade do que a plantação de primavera, mas necessitou de mais 28 a 60 dias de crescimento até à colheita. O comprimento da espiga floral foi independente do comprimento do caule e foi equivalente entre os quatro grupos. Sete cultivares produziram colheitas com média acima do grau de utilidade. A 'Oklahoma' produziu os caules maiores e mais pesados, enquanto a 'Georgia' foi a melhor cultivar em termos gerais

CAPÍTULO 3

METODOLOGIA DE INVESTIGAÇÃO PARA AVALIAÇÃO DE SELECÇÕES *DE ANTIRRHINUM MAJUS* L. EM CONDIÇÕES PROTEGIDAS

O presente estudo, intitulado **"Avaliação de selecções *de Antirrhinum majus* L. em condições protegidas"**, foi realizado na exploração experimental do Departamento de Floricultura e Paisagismo da Universidade de Horticultura e Silvicultura Dr. Y.S. Parmar, Nauni-Solan, de setembro de 2007 a junho de 2008. A exploração experimental está geograficamente situada a 1276 m acima do nível do mar, a uma latitude de 30° 52' N e a uma longitude de 77° 11' E. O clima desta zona é tipicamente semi-temperado.

ORIGEM DO MATERIAL DE PLANTAÇÃO

Vinte e uma selecções de Antirrhinum representando a diversidade de vários caracteres foram obtidas do Departamento de Floricultura e Paisagismo, Dr. Y.S. Parmar University of Horticulture & Forestry, Nauni-Solan e utilizadas para a realização dos presentes estudos.

Preparação do viveiro

As sementes de vinte e uma selecções foram semeadas a 16th de setembro de 2007 em tabuleiros com setenta e dois plugs em cada tabuleiro. Estes tabuleiros foram preenchidos com um meio de cultura composto por vermiculite, cocopeat e terra de jardim numa proporção de 1:2:1 (v/v), respetivamente. Antes da sementeira, os meios de cultura foram encharcados com 2% de Bavistin e Dithane durante 24 horas. Os tabuleiros de plugues foram então mantidos em condições protegidas para germinação. A pulverização regular de água da torneira foi assegurada para manter o nível ótimo de humidade nos tabuleiros. A sacha foi efectuada a intervalos regulares. O Bavistin e o Dithane M-45 foram pulverizados semanalmente para evitar o amortecimento das plântulas. As mudas estavam prontas para o transplante 45 dias após a semeadura. (Placa 1)

Quadro 3.1 Lista de genótipos

Preparação do terreno

Nome do genótipo	COR DA FLOR	
	Grupo de cores	**Código**
Seleção 1	Branco	155 (A)
Seleção 2	Amarelo	6 (A)
Seleção 3	Vermelho púrpura	44 (A)
Seleção 4	Laranja	35 (A)
Seleção 5	Vermelho púrpura	61 (A)
Seleção 6	Roxo violeta	80 (A)
Seleção 7	Branco	155 (A)
Seleção 8	Amarelo	5 (A)
Seleção 9	Vermelho	55 (B)
Seleção 10	Púrpura	78 (A)
Seleção 11	Amarelo	7 (A)
Seleção 12	Amarelo	7 (A)
Seleção 13	Vermelho púrpura	68 (A)
Seleção 14	Púrpura	77 (C)
Seleção 15	Púrpura acinzentado	187 (C)
Seleção 16	Púrpura	77 (A)
Seleção 17	Vermelho cinzento	182 (A)
Seleção 18	Branco	155(A)
Seleção 19	Vermelho púrpura	73 (D)
Seleção 20	Vermelho púrpura	72 (B)
Seleção 21	Púrpura cinzento	197 (B)

Preparação do terreno

O campo foi limpo duas semanas antes da transplantação, removendo os restolhos da cultura anterior e as ervas daninhas. Em seguida, foi lavrado e nivelado. As camas foram colocadas cerca de 15 cm acima do nível do solo e com cerca de 120 cm de largura.

Pormenores da plantação

Número de selecções : 21

Desenho da plantação : Desenho de blocos aleatórios (RBD)

Número de repetições : 3

Número de plantas por repetição : 25

Data da sementeira em viveiro : 16 de setembro de 2007

Data da transplantação : 2 de novembro de 2007

Espaçamento : 30 x 20 cm

Conceção da experiência

A experiência foi organizada num esquema de blocos aleatórios com 3 repetições, cada uma composta por 25 plantas numa estufa de 200 m com ventilação natural .[2]

Transplantação

As plantas foram transplantadas para o campo preparado de acordo com a disposição acima referida em 2 de novembro de 2007. Imediatamente após o transplante, a cultura foi irrigada.

Aplicação de estrume e fertilizantes

Uma dose basal de FYM bem podre (5 kg/m^2) junto com 15 g/m^2 N, 20 g/m^2 P O_{25} e 20 g/m^2 K_2 O foram aplicados. Os fertilizantes solúveis em água com N: P: K na proporção de 19:19:19 também foram aplicados em intervalos semanais até o estágio em que as plantas começaram a florescer.

Irrigação

A cultura foi irrigada três vezes por semana até maio, depois a irrigação foi reduzida para aumentar a maturidade das sementes.

Monda e sachadura

A monda e a sacha manuais foram efectuadas sempre que necessário. Isto não só ajudou a controlar a população de ervas daninhas como também melhorou o arejamento do solo.

Gestão das doenças e das pragas

Não houve incidência de qualquer doença ou praga na cultura, mas uma pulverização programada de Dithane M-45 (0,2%) e Bavistin (0,1%) foi feita em intervalos de quinze dias como medida de precaução. Para o controlo de insectos, foram aplicados alternadamente monocrotofos (0,01%) e malatião (0,01%) com 15 dias de intervalo.

Observação registada

Foram registados os dados relativos aos seguintes parâmetros de crescimento, floração e semente.

i) Altura da planta (cm)

A altura das plantas foi medida do solo até à ponta da planta na altura do pico da floração e o valor foi expresso em cm.

ii) Espalhamento da planta (cm)

Foi medido no pico da floração com uma escala das direcções Norte-Sul e Este-Oeste e a sua média foi calculada. O valor foi expresso em cm.

iii) Número de picos

Foi contado o número total de espigas primárias por planta.

iv)Dias necessários para a formação de botões visíveis (dias)

O número de dias necessários para a formação de gomos visíveis foi contado a partir da data de transplante até ao aparecimento do gomo na planta.

v) Dias necessários para a floração (dias)

A contagem foi efectuada desde a data da transplantação até à abertura da primeira flor na planta.

vi)Comprimento da espiga (cm)

Foi medido desde a base visível da espiga até à ponta da espiga.

vii) Comprimento do ráquis (cm)

Foi medido desde a floreta basal até à ponta da espiga.

viii) Cor da flor

A cor das pétalas, do palato e do tubo da corola foi comparada com a tabela de cores da Royal Horticulture Society of London (Anon., 2001).

ix)Número de floretes abertos de cada vez

Foi contado o número máximo de florzinhas abertas no momento do pico de floração da melhor espiga.

x) Número total de floretes por espiga (dias)

Foi contado o número total de floretes produzidos na melhor espiga durante todo o ciclo de vida da planta.

xi)Duração da floração (dias)

A duração da floração foi registada a partir da data de floração até ao murchamento da última flor na planta.

xii) Incidência de pragas (%)

A incidência da praga foi calculada através da fórmula

$$\text{Insect pest incidence (\%)} = \frac{\text{Number of plants affected by insect pest}}{\text{Total number of plants}} \times 100$$

xiii) Peso fresco da espiga (gm)

O peso da espiga foi registado através da pesagem de cada espiga numa balança física.

xiv) Duração do vaso (dias)

O tempo de vida em vaso foi registado em água destilada simples quando 25 por cento dos floretes na espiga estavam abertos até 75 por cento dos floretes permanecerem frescos na espiga.

xv) Total Número de vagens por espiga

O número de vagens numa espiga foi contado no momento da maturação completa da semente.

xvi) Número de vagens com sementes por espiga

Do número total de vagens por espiga, contou-se o número de vagens com sementes suficientes.

xvii) Peso da semente por espiga (gm)

As sementes de cada espiga foram pesadas numa balança física.

xviii) Número de sementes por vagem

Foram contados os números de sementes por vagem das diferentes selecções.

xix) Peso de ensaio das sementes (g)

De cada seleção foram contadas 1000 sementes utilizando um contador de sementes e pesadas numa balança física.

Análise estatística

A análise estatística dos dados foi efectuada de acordo com o método descrito por Gomez e Gomez (1983). Os efeitos dos tratamentos foram testados a um nível de significância de 5%.

CAPÍTULO 4

DESEMPENHO DE DIFERENTES GENÓTIPOS DE *ANTIRRHINUM MAJUS* L EM CONDIÇÕES PROTEGIDAS.

O Antirrhinum é uma introdução relativamente recente na floricultura comercial na Índia, embora seja uma cultura anual muito popular nos EUA e na Europa. Existe uma grande variação genética em Antirrhinum para diferentes caracteres morfológicos, como a altura da planta, a cor e a forma dos floretes, etc. A seleção e avaliação de diferentes genótipos de acordo com os seus caracteres morfológicos preferidos resultará no desenvolvimento de linhas puras que podem ser utilizadas para criar mais variabilidade através da hibridação em Antirrhinum. Estes híbridos podem ainda gerar ganhos económicos elevados no futuro, uma vez que as sementes híbridas de Antirrhinum têm grande procura no mercado internacional.

Tendo em conta estes pontos, os presentes estudos intitulados "Avaliação de selecções *de Antirrhinum majus* L. em condições protegidas" foram realizados no Departamento de Floricultura e Paisagismo da Universidade de Horticultura e Silvicultura, Nauni, Solan, durante 2007-2008. Os resultados obtidos nos presentes estudos, intitulados "Avaliação de selecções *de Antirrhinum majus* L. em condições protegidas", são apresentados neste capítulo em função dos caracteres. A análise de variância (ANOVA) para o parâmetro em estudo é apresentada no Apêndice II.

4.1 Altura da planta (cm): Os dados apresentados na Tabela 4.1 revelam que foram observadas diferenças significativas para a altura da planta nas diferentes Selecções. A altura máxima da planta (104,21 cm) foi observada na Seleção 1, que foi estatisticamente igual à da Seleção 8 (99,41 cm). Em contraste, a altura mínima da planta (35,17 cm) foi observada na Seleção 18, que foi estatisticamente igual à Seleção 14 (37,14 cm), Seleção 19 (37,84 cm) e Seleção 13 (42,19 cm).

Quadro 4.1 : Desempenho de diferentes selecções para a altura da planta (cm)

Nome do genótipo	Altura da planta (cm)
Seleção 1	104.21
Seleção 8	99.41
Seleção 7	93.73
Seleção 10	90.97
Seleção 9	86.92
Seleção 3	84.91
Seleção 6	82.49
Seleção 21	73.58
Seleção 15	71.59
Seleção 12	71.27
Seleção 20	70.93
Seleção 5	69.64
Seleção 17	65.20
Seleção 4	61.92
Seleção 2	61.79
Seleção 11	58.15
Seleção 16	55.57
Seleção 13	42.19
Seleção 19	37.84
Seleção 14	37.14
Seleção 18	35.17
$CD_{0.05}$	8.87

4.2 Espalhamento de plantas (cm): É evidente na Tabela 4.2 que foram observadas diferenças significativas para a propagação de plantas em diferentes selecções. A propagação máxima de plantas (50,34 cm) foi observada na Seleção 1. No entanto, a dispersão mínima de plantas (23,10 cm) foi observada na Seleção 15, que foi ainda igual à Seleção 17 (23,20 cm), Seleção 16 (23,47 cm), Seleção 5 (24,43 cm), Seleção 21 (24,77 cm), Seleção 14 (25,33 cm), Seleção 4 (26,05 cm), Seleção 12 (26,12 cm) e Seleção 11 (27,37 cm)

Quadro 4.2 : Desempenho de diferentes selecções para a propagação de plantas (cm)

Nome do genótipo	Espalhamento da planta (cm)
Seleção 1	50.34
Seleção 8	33.37
Seleção 7	33.11
Seleção 10	32.42
Seleção 9	30.43

Seleção 3	35.47
Seleção 6	31.90
Seleção 21	24.77
Seleção 15	23.10
Seleção 12	26.12
Seleção 20	27.77
Seleção 5	24.43
Seleção 17	23.20
Seleção 4	26.05
Seleção 2	35.07
Seleção 11	27.37
Seleção 16	23.47
Seleção 13	28.96
Seleção 19	31.87
Seleção 14	25.33
Seleção 18	30.85
$CD_{0.05}$	4.32

4.3 Número de espigas por planta: Os dados apresentados na Tabela 4.3 mostram diferenças significativas observadas para o número de espigas por planta em várias seleções. O número máximo de espigas por planta (12,67) foi observado na Seleção 19, que foi estatisticamente igual ao da Seleção 18 (12,07). Considerando que, o número mínimo de espigas por planta (5,87) foi observado na Seleção 15, que também foi igual à Seleção 21 (6,8) e à Seleção 16 (7,2).

Tabela 4.3: Desempenho de diferentes selecções para o número de espigas por planta

Nome do genótipo	Número de espigas por planta
Seleção 1	9.20
Seleção 8	9.13
Seleção 7	8.00
Seleção 10	9.40
Seleção 9	8.27
Seleção 3	9.87
Seleção 6	10.20
Seleção 21	6.80
Seleção 15	5.87
Seleção 12	9.00
Seleção 20	8.87
Seleção 5	8.40
Seleção 17	8.13
Seleção 4	9.00

Seleção 2	9.13
Seleção 11	8.80
Seleção 16	7.20
Seleção 13	9.13
Seleção 19	12.67
Seleção 14	10.93
Seleção 18	12.07
$CD_{0.05}$	1.48

4.4 Dias para a formação de brotos visíveis (dias): Uma rápida olhada nos dados apresentados na Tabela 4.4 mostra que foram observadas diferenças significativas para dias para formação de brotos visíveis em diferentes seleções. O mínimo de dias para a formação de brotos visíveis (93,33 dias) foi observado na Seleção 6. Em contraste, o máximo de dias para a formação de brotos visíveis (126,87 dias) foi observado na Seleção 8, que foi estatisticamente igual à Seleção 17 (126,67 dias), Seleção 12 (124,60 dias), Seleção 10 (126,47 dias), Seleção 7 (121,80 dias) e Seleção 18

Tabela 4.4: Desempenho de diferentes selecções para dias até à formação de botões visíveis

Nome do genótipo	Dias para a formação de botões visíveis (dias)
Seleção 1	103.53
Seleção 8	126.87
Seleção 7	121.80
Seleção 10	126.47
Seleção 9	116.87
Seleção 3	114.73
Seleção 6	93.33
Seleção 21	115.20
Seleção 15	114.07
Seleção 12	124.60
Seleção 20	113.47
Seleção 5	109.87
Seleção 17	126.67
Seleção 4	108.47
Seleção 2	117.13
Seleção 11	112.87
Seleção 16	107.87
Seleção 13	110.67
Seleção 19	113.67

Seleção 14	115.80
Seleção 18	118.13
$CD_{0.05}$	9.49

4.5 Dias para a floração (dias): É evidente a partir da Tabela 4.5 que uma diferença significativa para os dias levados para a floração foi observada em diferentes seleções. O mínimo de dias para a floração (128,93 dias) foi observado na Seleção 6, que foi estatisticamente igual ao da Seleção 20 (132,60 dias), Seleção 15 (133,27 dias) e Seleção 13 (135,13 dias).

Tabela 4.5: Desempenho de diferentes selecções para dias até à floração (dias)

Nome do genótipo	Dias até à floração (dias)
Seleção 1	144.47
Seleção 8	153.40
Seleção 7	142.33
Seleção 10	141.93
Seleção 9	150.67
Seleção 3	145.67
Seleção 6	128.93
Seleção 21	139.80
Seleção 15	133.27
Seleção 12	141.60
Seleção 20	132.60
Seleção 5	140.87
Seleção 17	140.20
Seleção 4	138.20
Seleção 2	148.33
Seleção 11	140.33
Seleção 16	139.73
Seleção 13	135.13
Seleção 19	140.47
Seleção 14	135.67
Seleção 18	139.87
$CD_{0.05}$	6.30

4.6 Comprimento da espiga (cm): É claro na Tabela 4.6 que uma diferença significativa para o comprimento da espiga foi observada em diferentes seleções. O comprimento máximo da espiga (100,93 cm) foi observado na Seleção 1. Em contraste, o comprimento mínimo de espiga (13,27 cm) foi observado na Seleção 19, que foi ainda mais a par com a Seleção 18 (17,21 cm).

Tabela 4.6: Desempenho de diferentes selecções para o comprimento da espiga (cm)

Nome do genótipo	Comprimento da espiga (cm)
Seleção 1	100.93
Seleção 8	84.80
Seleção 7	88.35
Seleção 10	87.77
Seleção 9	90.99
Seleção 3	79.00
Seleção 6	76.53
Seleção 21	68.88
Seleção 15	66.12
Seleção 12	68.00
Seleção 20	67.93
Seleção 5	67.33
Seleção 17	60.30
Seleção 4	55.29
Seleção 2	58.39
Seleção 11	54.40
Seleção 16	51.93
Seleção 13	39.47
Seleção 19	13.27
Seleção 14	34.76
Seleção 18	17.21
$CD_{0.05}$	9.53

4.7 Comprimento do ráquis (cm): Os dados apresentados na Tabela 4.7 revelam que foram observadas diferenças significativas no comprimento do ráquis nas diferentes seleções. O comprimento máximo do ráquis (30,69 cm) foi observado na Seleção 9, que foi estatisticamente igual ao da Seleção 1 (29,94 cm) e da Seleção 12 (28,20 cm).

Tabela 4.7 : Desempenho de diferentes selecções para o comprimento do ráquis (cm)

Nome do genótipo	Comprimento do ráquis (cm)
Seleção 1	29.94
Seleção 8	24.56
Seleção 7	27.11
Seleção 10	25.54
Seleção 9	30.69
Seleção 3	17.67
Seleção 6	22.67

Seleção 21	25.15
Seleção 15	24.81
Seleção 12	28.20
Seleção 20	23.87
Seleção 5	21.00
Seleção 17	23.20
Seleção 4	19.31
Seleção 2	17.97
Seleção 11	19.75
Seleção 16	17.73
Seleção 13	11.33
Seleção 19	10.24
Seleção 14	11.41
Seleção 18	7.91
$CD_{0.05}$	3.14

4.8 Cor da flor: Foi observada uma grande variedade de cores em todas as selecções de Antirrhinum. Exceto alguns genótipos, a cor da pétala, do palato e do tubo da corola variou. A cor da flor exibida pelas diferentes selecções variou entre o branco, o amarelo, o laranja e o vermelho em vários tons e na escala da Tabela de Cores da Royal Horticulture Society of London (Quadro). Em geral, com base na cor das pétalas, três selecções pertenciam ao grupo branco (Seleção 1, Seleção 7 e Seleção 18), quatro ao grupo amarelo (Seleção 2, Seleção 8, Seleção 11 e Seleção 12), cinco ao grupo vermelho-púrpura (Seleção 3, Seleção 5, Seleção 13, Seleção 19 e Seleção 20), três ao grupo púrpura (Seleção 10, Seleção 14 e Seleção 16), duas ao púrpura acinzentado (Seleção 15 e Seleção 21) e uma ao grupo violeta-púrpura (Seleção 6), vermelho (Seleção 9), laranja (Seleção 4) e vermelho acinzentado (Seleção 17).

4.9 Número máximo de florzinhas por espiga abertas de cada vez: É evidente na Tabela 4.9 que foram observadas diferenças significativas para o número máximo de florzinhas por espiga aberta por vez nas diferentes seleções. O número máximo de florzinhas por espiga por vez (29,93) foi observado na Seleção 21. Em contraste, o número de florzinhas por espiga aberta de cada vez (8,27) foi menor na Seleção 19, que também foi igual à Seleção 18 (8,53), Seleção 13 (9,00) e Seleção 14 (9,93).

Quadro 4.8: Cor da flor de diferentes selecções de acordo com as tabelas RHS

Nome do genótipo	PETAL		PALATO		COROLLA TUBO	
	Grupo de cores	Código	Grupo de cores	Código	Grupo de cores	Código
Seleção 1	Branco	155(A)	Branco	155(A)	Branco	155(A)
Seleção 2	Amarelo	6 (A)	Amarelo	6(D)	Amarelo	6(D)
Seleção 3	Vermelho púrpura	44 (A)	Vermelho púrpura	44(A)	Branco	155(C)
Seleção 4	Laranja	35(A)	Laranja	26(A)	Vermelho púrpura	65(C)
Seleção 5	Vermelho púrpura	61 (A)	Vermelho púrpura	61(A)	Vermelho púrpura	72(A)
Seleção 6	Roxo violeta	80(A)	Roxo violeta	80(A)	Roxo violeta	80(A)
Seleção 7	Branco	155 (A)	Branco	155(A)	Branco	155(A)
Seleção 8	Amarelo	5 (A)	Amarelo-laranja	15 (A)	Branco	155(C)
Seleção 9	Vermelho	55 (B)	Vermelho	55 (B)	Branco	155(C)
Seleção 10	Púrpura	78(A)	Púrpura	78(A)	Púrpura	78(A)
Seleção 11	Amarelo	7(A)	Amarelo	7 (A)	Vermelho púrpura	70(C)
Seleção 12	Amarelo	7(A)	Amarelo	7 (A)	Púrpura acinzentado	186(A)
Seleção 13	Vermelho púrpura	68 (A)	Vermelho púrpura	68(A)	Vermelho púrpura	78(C)
Seleção 14	Púrpura	77(C)	Púrpura	77(C)	Vermelho púrpura	69(B)
Seleção 15	Púrpura acinzentado	187(C)	Púrpura acinzentado	184 (A)	Púrpura acinzentado	187 (D)
Seleção 16	Púrpura	77(A)	Amarelo	6(A)	Branco	155(A)
Seleção 17	Vermelho cinzento	182 (A)	Vermelho cinzento	182 (A)	Púrpura	78 (B)
Seleção 18	Branco	155(A)	Branco	155(A)	Branco	155(A)
Seleção 19	Vermelho púrpura	73(D)	Vermelho púrpura	73(D)	Vermelho púrpura	73(D)
Seleção 20	Vermelho púrpura	72(B)	Vermelho púrpura	72(D)	Branco	155(A)
Seleção 21	Púrpura cinzento	197(B)	Púrpura cinzento	197(B)	Vermelho púrpura	72(B)

Tabela 4.9 : Desempenho de diferentes selecções para o número máximo de florzinhas por espiga abertas de cada vez.

Nome do genótipo	Número máximo de floretes por espiga de cada vez
Seleção 1	15.40
Seleção 8	22.67
Seleção 7	23.53
Seleção 10	22.07
Seleção 9	26.47
Seleção 3	16.80
Seleção 6	18.73
Seleção 21	29.93
Seleção 15	21.93
Seleção 12	20.60
Seleção 20	19.87
Seleção 5	17.33
Seleção 17	21.53
Seleção 4	17.93
Seleção 2	16.00
Seleção 11	16.67
Seleção 16	15.93
Seleção 13	9.00
Seleção 19	8.27
Seleção 14	9.93
Seleção 18	8.53
$CD_{0.05}$	2.60

4.10 Número total de floretes por espiga: Os dados apresentados na Tabela 4.10 revelam que foram observadas diferenças significativas para o número total de florzinhas por espiga nas diferentes seleções. O número máximo de florzinhas por espiga (32,80) foi observado na Seleção 21, que foi estatisticamente igual ao da Seleção 7 (31,27). Em contraste, o número total mínimo de florzinhas por espiga (9,87) foi observado na Seleção 19, que também foi igual à Seleção 18 (10,60) e à Seleção 13 (11,53)

Tabela 4.10 : Desempenho de diferentes selecções para o número total de floretes por espiga

Nome do genótipo	Número total de floretes por espiga
Seleção 1	18.80
Seleção 8	26.40

Seleção 7	31.27
Seleção 10	26.60
Seleção 9	30.13
Seleção 3	21.20
Seleção 6	23.00
Seleção 21	32.80
Seleção 15	25.73
Seleção 12	23.93
Seleção 20	23.13
Seleção 5	20.80
Seleção 17	24.67
Seleção 4	20.93
Seleção 2	19.27
Seleção 11	20.73
Seleção 16	19.40
Seleção 13	11.53
Seleção 19	9.87
Seleção 14	12.53
Seleção 18	10.60
$CD_{0.05}$	2.64

4.11 Duração da floração (dias): Os dados apresentados na Tabela 4.11 revelam que foram observadas diferenças significativas para a duração da floração nas diferentes selecções. A duração máxima da floração (60,33 dias) foi observada na Seleção 6. Em contraste, a duração mínima da floração (21,20 dias) foi observada na Seleção 9

Tabela 4.11: Desempenho de diferentes selecções para a duração da floração

Nome do genótipo	Duração da floração (dias)
Seleção 1	45.33
Seleção 8	29.40
Seleção 7	33.60
Seleção 10	36.40
Seleção 9	21.20
Seleção 3	49.27
Seleção 6	60.33
Seleção 21	41.20
Seleção 15	41.53
Seleção 12	36.93
Seleção 20	45.40
Seleção 5	50.93

Seleção 17	43.86
Seleção 4	50.93
Seleção 2	43.13
Seleção 11	40.67
Seleção 16	36.67
Seleção 13	38.20
Seleção 19	47.07
Seleção 14	35.93
Seleção 18	32.87
$CD_{0.05}$	7.58

4.12 Incidência de pragas de insectos: Não foi observada nenhuma incidência de insectos.

4.13 Peso da espiga (gm): Os dados apresentados na Tabela 4.12 revelam que diferenças significativas para o peso da espiga foram observadas em diferentes seleções. O peso máximo da espiga (81,82 gm) foi observado na Seleção 7. Em contraste, o peso mínimo da espiga (8,66 gm) foi observado na Seleção 18, que foi ainda a par com a Seleção 19 (8,83 gm), Seleção 14 (8,83 gm) e Seleção 13 (10,67 gm).

Tabela 4.12 : Desempenho de diferentes selecções para peso de espiga (gm)

Nome do genótipo	Peso da espiga (gm)
Seleção 1	33.00
Seleção 8	39.50
Seleção 7	81.83
Seleção 10	47.83
Seleção 9	45.17
Seleção 3	37.67
Seleção 6	27.17
Seleção 21	34.17
Seleção 15	37.17
Seleção 12	25.17
Seleção 20	24.00
Seleção 5	36.67
Seleção 17	27.00
Seleção 4	33.33
Seleção 2	34.33
Seleção 11	19.00
Seleção 16	30.00
Seleção 13	10.67
Seleção 19	8.83

Seleção 14	8.83
Seleção 18	8.66
$CD_{0.05}$	4.95

4.14 Vida de vaso (dias): Os dados apresentados na Tabela 4.13 revelam que foram observadas diferenças significativas para a vida de vaso nas diferentes Selecções. O tempo máximo de vida de vaso (9,50 dias) foi observado na Seleção 19, que foi estatisticamente igual ao da Seleção 13 (9,60 dias), Seleção 18 (8,83 dias), Seleção 21 (8,83 dias) e Seleção 2 (8,67 dias).

Tabela 4.13: Desempenho das diferentes selecções para o tempo de vida do vaso (dias)

Nome do genótipo	Duração do vaso (dias)
Seleção 1	6.00
Seleção 8	6.00
Seleção 7	5.67
Seleção 10	6.00
Seleção 9	7.17
Seleção 3	4.50
Seleção 6	2.83
Seleção 21	8.83
Seleção 15	6.50
Seleção 12	7.33
Seleção 20	6.67
Seleção 5	2.17
Seleção 17	7.50
Seleção 4	3.83
Seleção 2	8.67
Seleção 11	7.67
Seleção 16	6.50
Seleção 13	9.00
Seleção 19	9.50
Seleção 14	7.67
Seleção 18	8.83
$CD_{0.05}$	1.12

4.15 Número total de vagens por espiga: Os dados apresentados na Tabela 4.14 revelam que diferenças significativas para o número total de vagens por espiga foram observadas em diferentes seleções. O número máximo de vagens totais por espiga (27,53) foi observado na Seleção 21. Em contraste, o número total mínimo de vagens por espiga (7,33) foi observado na

Seleção 4, que também foi igual à Seleção 19 (7,60), Seleção 14 (8,20), Seleção 18 (9,13), Seleção 13 (9,13) e Seleção 11 (9,60).

Tabela 4.14: Desempenho de diferentes selecções para o número total de vagens por espiga

Nome do genótipo	Número total de vagens por espiga
Seleção 1	21.87
Seleção 8	18.87
Seleção 7	23.73
Seleção 10	17.87
Seleção 9	20.00
Seleção 3	17.13
Seleção 6	15.67
Seleção 21	27.53
Seleção 15	18.33
Seleção 12	18.20
Seleção 20	17.73
Seleção 5	18.33
Seleção 17	17.00
Seleção 4	7.33
Seleção 2	15.40
Seleção 11	9.60
Seleção 16	14.40
Seleção 13	9.13
Seleção 19	7.60
Seleção 14	8.20
Seleção 18	9.13
$CD_{0.05}$	3.30

4.16 Número de vagens com sementes por espiga: Os dados na Tabela 4.15 revelam que há diferença significativa para o número de vagens com sementes por espiga em diferentes seleções. O número máximo de vagens com sementes por espiga (14,40) foi na Seleção 21, que foi estatisticamente igual à Seleção 1 (10,73). Em contraste, o número mínimo de vagens com sementes por espiga (2,93) foi na Seleção 4, que também foi igual à Seleção 11 (4,00).

Tabela 4. 15: Desempenho de diferentes selecções para o número de vagens

Nome do genótipo	Número de vagens com sementes por espiga	% de vagens com sementes por espiga
Seleção 1	10.73	49.09
Seleção 8	8.47	44.88

Seleção 7	8.67	36.52
Seleção 10	8.13	45.52
Seleção 9	8.27	41.33
Seleção 3	7.80	45.53
Seleção 6	9.13	58.30
Seleção 21	14.40	52.30
Seleção 15	8.53	46.55
Seleção 12	9.27	50.92
Seleção 20	8.47	47.74
Seleção 5	8.60	46.91
Seleção 17	7.93	46.67
Seleção 4	2.93	40.00
Seleção 2	6.87	44.59
Seleção 11	4.00	41.37
Seleção 16	7.73	53.70
Seleção 13	4.53	49.64
Seleção 19	4.47	58.77
Seleção 14	4.53	46.55
Seleção 18	5.93	64.96
$CD_{0.05}$	1.26	

4.17 Peso da semente por espiga (mg): Os dados apresentados na Tabela 4.16 revelam que foram observadas diferenças significativas para o peso de sementes por espiga nas diferentes seleções. O peso máximo de sementes por espiga (504,00 mg) foi observado na Seleção 21. Em contraste, o peso mínimo de sementes por espiga (102,67 mg) foi observado na Seleção 4.

Tabela 4.16: Desempenho de diferentes selecções para peso de sementes por espiga (mg)

Nome do genótipo	Peso da semente por espiga (mg)
Seleção 1	387.57
Seleção 8	296.33
Seleção 7	303.33
Seleção 10	284.67
Seleção 9	289.33
Seleção 3	273.00
Seleção 6	319.67
Seleção 21	504.00
Seleção 15	298.67
Seleção 12	324.33
Seleção 20	296.33
Seleção 5	301.00

Seleção 17	277.67
Seleção 4	102.67
Seleção 2	242.67
Seleção 11	140.00
Seleção 16	270.67
Seleção 13	158.67
Seleção 19	156.33
Seleção 14	158.67
Seleção 18	207.67
$CD_{0.05}$	2.16

4.18 Número de sementes por vagem: É evidente na Tabela 4.17 que uma diferença significativa para o número de sementes por vagem foi observada em diferentes seleções. O número máximo de sementes por vagem (248,67) foi observado na Seleção 5. No entanto, o número mínimo de sementes por vagem (71,73) foi observado na Seleção 12.

Tabela 4.17: Desempenho de diferentes selecções para o número de sementes por vagem

Nome do genótipo	Número de sementes por vagem
Seleção 1	182.47
Seleção 8	98.53
Seleção 7	130.47
Seleção 10	185.40
Seleção 9	139.73
Seleção 3	148.73
Seleção 6	138.33
Seleção 21	168.53
Seleção 15	114.47
Seleção 12	71.73
Seleção 20	150.93
Seleção 5	248.67
Seleção 17	177.40
Seleção 4	98.67
Seleção 2	137.20
Seleção 11	131.40
Seleção 16	91.47
Seleção 13	110.20
Seleção 19	121.27
Seleção 14	101.07
Seleção 18	130.47
$CD_{0.05}$	2.45

4.19 Peso do teste (mg): Os dados relativos ao peso do teste são apresentados na Tabela 4.18, que mostra que foram observadas diferenças significativas para o peso do teste em diferentes Selecções. O peso máximo do teste (272,90 mg) foi observado na Seleção 4, enquanto o peso mínimo do teste (192,80 mg) foi observado na Seleção 6.

Tabela 4.18: Desempenho das diferentes selecções para o peso de ensaio (mg)

Nome do genótipo	Peso de ensaio (mg)
Seleção 1	203.50
Seleção 8	209.50
Seleção 7	240.20
Seleção 10	233.50
Seleção 9	198.20
Seleção 3	209.80
Seleção 6	192.80
Seleção 21	217.20
Seleção 15	206.90
Seleção 12	220.10
Seleção 20	201.30
Seleção 5	205.80
Seleção 17	229.40
Seleção 4	272.90
Seleção 2	217.40
Seleção 11	245.00
Seleção 16	210.00
Seleção 13	211.30
Seleção 19	243.70
Seleção 14	225.20
Seleção 18	201.70

O resultado das presentes investigações foi aqui discutido à luz da literatura disponível.

PARÂMETROS DE CRESCIMENTO

Nos presentes estudos, os parâmetros de crescimento das plantas variaram significativamente em todas as selecções. A altura das plantas variou de 104,21 cm a 35,17 cm em estufa com ventilação natural. A diferença entre a altura máxima e mínima da planta foi de 75,85 cm. Como a altura da planta é um critério importante para a seleção de cultivares de Antirrhinum para diferentes utilizações, tais como plantas de paisagem, plantas de cama, flores de corte, cestos suspensos, coberturas de solo, todas as 21 selecções foram categorizadas em três grupos: alto (>80 cm), médio (45 cm a 80 cm) e anão (<45 cm).Desta forma, sete selecções caem no grupo alto (Seleção 1, Seleção 8, Seleção 7, Seleção, Seleção 10, Seleção 9, Seleção 3 e Seleção 6), dez no grupo médio (Seleção 21, Seleção 15, Seleção 12, Seleção 20, Seleção 5, Seleção 17, Seleção 4, Seleção 2, Seleção 11 e Seleção 16) e quatro no grupo anão (Seleção 13, Seleção 19, Seleção 14 e Seleção 18). Esta variação na altura das plantas pode ser devida à composição genética das diferentes selecções. Os resultados estão de acordo com os obtidos por Jauhari e Singh (2005) em Antirrhinum.

Foram observadas grandes variações na dispersão das plantas entre as diferentes selecções. A propagação máxima das plantas foi de 50,34 cm e a mínima de 23,10 cm. Esta variação também se deveu à constituição genética das diferentes selecções. Os resultados estão de acordo com os obtidos por Swaroop *et al.* (2004) em China aster.

PARÂMETROS DE FLORAÇÃO

Variações significativas também foram observadas para o número de espigas por planta. O número máximo de espigas por planta foi de 12,67 e o mínimo foi de 5,87. Esta diferença é devida à constituição genética das selecções. O resultado é confirmado com os resultados de Poornima *et al.* (2006) em China aster e Singh *et al.* (2006) em calêndula.

Houve uma diferença significativa entre os genótipos nos dias de brotação e floração (Tabela 4.4 e Tabela 4.5). A formação mais precoce de brotos e a floração foram observadas na Seleção 6, enquanto que o máximo de dias para brotação e floração foram observados na Seleção 8. Houve uma diferença de cerca de 33,54 dias e 24,47 dias entre a Seleção 6 e a Seleção 8 para os dias de abrolhamento e floração, respetivamente. Supõe-se que a variação genética e a diferença de selecções de acordo com o grupo de resposta sejam a causa desta variação na formação de gemas visíveis e nos dias necessários para a floração. Raulston (1970), Robinowitch *et al.* (1976) e

Jauhari (2006) também observaram variações nos dias necessários para a formação de gemas visíveis e dias necessários para a floração em Antirrhinum.

O comprimento da espiga variou de 100,93 cm a 13,27 cm e o comprimento do ráquis variou de 30,69 cm a 7,91 cm entre as diferentes selecções. Observou-se que o comprimento da espiga das selecções mais altas também foi maior em comparação com outras selecções com menor altura. O comprimento do ráquis foi influenciado pela altura da planta, comprimento da espiga, número de florzinhas na espiga e espaço entre as duas florzinhas vizinhas. Como é mais evidente na tabela 4.6 e na tabela 4.7, embora a Seleção 3 tenha mais comprimento de espiga do que a Seleção 17, a Seleção 21, a Seleção 12, etc., mas tem um comprimento de ráquis mais curto do que estas selecções. Portanto, é possível que as selecções com mais comprimento de espiga não tenham mais comprimento de ráquis. O comprimento da ráquis também depende do número de florzinhas e da proximidade com que essas florzinhas são colocadas na espiga. O espaçamento mais estreito dos floretes na espiga é a razão pela qual a Seleção 3 tem um comprimento de ráquis que é metade do comprimento de ráquis como observado na Seleção 5 e na Seleção 1, embora a Seleção 3, a Seleção 1 e a Seleção 5 sejam estatisticamente iguais em termos de comprimento de espiga e número de floretes. Os resultados corroboram as conclusões de Jauhari e Singh (2005) em Antirrhinum e Singh e Martolia (2006) em Tremoço.

Houve uma grande variação para o número de floretes por espiga abertos de cada vez entre as diferentes selecções. O número máximo de floretes por espiga abertos de cada vez foi observado na Seleção 21 e o número mínimo de floretes abertos de cada vez foi observado na Seleção 19. Houve uma diferença de 21 floretes entre a seleção com o número máximo de floretes e a seleção com o número mínimo de floretes abertos de cada vez. Assim, a seleção com o número máximo de floretes abertos de cada vez tinha três vezes mais floretes do que a seleção com o número mínimo de floretes abertos de cada vez. Esta variação no número de floretes por espiga abertos de cada vez foi influenciada pelo comprimento da ráquis, pelo espaçamento dos floretes na espiga, bem como pela constituição genética das diferentes selecções. As selecções com maior comprimento de ráquis tinham maior número de floretes por espiga, mas o espaçamento dos floretes na espiga também afectou significativamente o número de floretes por espiga. Como é evidente na tabela 4.7 e na tabela 4.9, embora a Seleção 1 e a Seleção 7 sejam estatisticamente iguais em termos de comprimento da ráquis, elas variam muito em termos de número de floretes por espiga. Da mesma forma, a Seleção 21 tem um comprimento de ráquis mais curto do que a Seleção 17, a Seleção 10, a Seleção 9 e a Seleção 12, mas tem um maior número de floretes do que todas estas selecções devido ao maior espaçamento dos floretes nas espigas. Houve uma grande variação entre as diferentes selecções para o número total de floretes por espiga. Houve uma diferença de 22,93 floretes entre a seleção com o número máximo de floretes e a seleção com o número mínimo de floretes. O número total de floretes por espiga varia de acordo com o número de floretes por espiga abertos de cada vez. Resultados semelhantes foram registados por Singh e Jauhari (2006).

Foram observadas grandes variações na duração da floração, a Seleção 6 permaneceu em floração durante o máximo de dias (60,33 dias) enquanto a Seleção 9 teve uma duração mínima de floração (21,20 dias). Esta variação na floração deve-se à constituição genética das diferentes selecções. Swaroop *et al.* (2004) em China aster e Jauhari (2006) em Antirrhinum registaram uma variação semelhante na duração da floração devido à constituição genética de diferentes genótipos.

Houve uma variação significativa entre o peso da espiga de diferentes selecções. O peso máximo da espiga foi observado em 81,83 gm na Seleção 7 e o peso mínimo da espiga foi observado em 8,66 gm na Seleção 18. Observou-se que as Selecções altas ou médias tinham mais peso de espiga em comparação com as anãs. A diferença no peso da espiga deveu-se principalmente à variação no comprimento da espiga da flor, no número de floretes por espiga e no diâmetro do caule das respectivas linhas. O tempo de vida de vaso entre as diferentes selecções variou entre 2,14 e 9,50 dias. Esta diferença no tempo de vida do vaso pode dever-se à acumulação de hidratos de carbono a diferentes níveis pelas diferentes selecções. Em segundo lugar, a sensibilidade do genótipo ao etileno, as numerosas deficiências e a suscetibilidade das selecções a tombarem após alguns dias em vaso podem ter causado uma grande variação. A maioria das selecções altas e médias tombam no final do tempo de vida do vaso, mas as selecções anãs não tombaram no final do tempo de vida do vaso, o que é a principal razão para as selecções anãs terem mais tempo de vida do que as selecções altas e médias. Estas constatações também deram crédito à observação efectuada por Jauhari e Singh em Antirrhinum (2006)

PARÂMETROS DE RENDIMENTO DAS SEMENTES

Houve uma variação significativa em termos de parâmetros de rendimento de sementes. O número total de vagens por espiga variou de 27,53 a 7,33 por espiga. Mas, do número total de vagens, apenas um número muito pequeno de vagens tinha sementes. Portanto, houve uma grande variação em termos de número de vagens por espiga com sementes. A percentagem máxima (58,77 %) de vagens por espiga com bom número de sementes foi observada na Seleção 19, enquanto a Seleção 7 teve uma percentagem mínima (36,52 %) de vagens com sementes. Resultados semelhantes foram obtidos por Singh e Jauhari (2005), Singh e Martolia (2006).

O peso da semente por espiga variou de 504 mg (Seleção 21) a 102,61 mg (Seleção 4). Esta variação no peso da semente por espiga foi influenciada pelo número de vagens por espiga com sementes. As seleções com maior número de vagens com sementes por espiga apresentaram maior peso de sementes por espiga. O número de sementes por vagem variou de 248,67 a 71,73. Esta variação pode ser devida à constituição genética das selecções. O peso das sementes no teste variou de 192,80 mg a 272,90 mg. Não foi registado um padrão definido para o peso das sementes no teste. As variações nestes parâmetros devido ao genótipo também estavam em conformidade com Tirakannav *et al.* (2004); Singh e Martolia (2006) e Jauhari (2006).

REFERÊNCIAS

Anónimo.2001. Tabela de cores RHS. Sociedade Real de Horticultura, Londres

Boodley J. 1962. Fertilização. In: *Snapdragons. A manual of culture, Insect and diseases and Economics for Snapdragons,* R E. Langhans, editor, Snapdragons School, New York State Extension Service and New York State Flower Growers Association, Ithaca, New York , pp 28-34

Das P e Das A K. (1981). Effect of sequential planting on growth, flowering and seed formation in snapdragon (*Antirrhinum majus* L). *Orissa Journal of Horticulture* **9**(1): 53-55.

Flint, Harrison L. 1960. Relative effect of light duration and Intensity on growth and flowering of winter snapdragon (*Antirrhinum majus* L). *In*: Actas da Sociedade Americana de Hort. Sci. *75: 769-773.*

Fu X H, Huang J N e Yun Y L. 1992. Efeito de várias fontes de fósforo no crescimento de flores em meio artificial. *Ata Horticulturae Sinica.* 1992 **9**(1): 67-70.

Grose S e Edwards K J R. 1979. The genetics of flowering time differences in *Antirrhinum majus* L. *Heredity* **47**(2): 277

Hedley C L. 1974. Response to light intensity and day length of two contrasting flower varieties of *Antirrhinum majus* L. *Journal of Horticultural Science* **49**: 105-112.

Hedley C L, Arthur A E e Rabinowitch H D. 1977. The effect of nitrogen level on the performance of Antirrhinum cultivars growth in greenhouse conditions. *Euphytica* **26**(3): 755-760.

Hood J M e Mills H A. 1994. A temperatura da zona radicular afecta a absorção de nutrientes e o crescimento do snapdragon. *Journal of Plant Nutrition.* **17**(2-3): 279-291.

Hood T M, Mills H A e Thomas P A. 1993. O estádio de desenvolvimento afecta a absorção de nutrientes por quatro cultivares de snapdragon. *HortScience* **28**: 10081010.

Howe T K e Water W E. 1988. Avaliação de cultivares *de Antirrhinum majus* L. (Snapdragon) para a paisagem. *In:* Actas da Sociedade de Horticultura do Estado da Florida **52**(2): 44-49.

Huxley A M, Griffiths e Levy M. 1992. Antirrhinums. In: *The New Royal Horticultural Society Dictionary of gardening* Vol. 1 Stackton Press, Nova Iorque. pp. 194-195

Ichimura K, Kohata K e Yamada K. 2005. Promoção do alongamento de espigas em snapdragons cortados por manitol. *Ata Horticulturae* (669): 119-124.

Ichimura K. 1998. Melhoria da vida pós-colheita de várias flores cortadas pela adição de sacarose. *Japan Agricultural Research Quarterly* **32**(4): 275-280.

Inaba Z e Horiuchi M. 2003. Efeito das temperaturas nocturnas e da duração do dia no inverno sobre a floração, o rendimento e a qualidade do snapdragon *(Antirrhinum majus* L.) *Horticultural Research Japan* **2**(3): 199-203.

Inaba Z e Ohtsuka H. 2002. Efeitos da temperatura nocturna de inverno na floração dos snapdragons *(Antirrhinum majus* L.) *Horticultural Research Japan* **1**(4): 263-267.

Inaba Z, Horiuchi M e Ohshiro M. 2005. Desenvolvimento de um sistema de cultivo de snapdragons *(Antirrhinum majus* L.) com base na resposta à floração. *Journal of the Japanese Society for Horticultural Science* **74**(6): 485492.

Jauhari Shiva e Singh A K. 2006. Avaliação de inbreds e seus Fis para atributos de floração e pós-colheita em snapdragon *(Antirrhinum majus* L.). *Journal of Ornamental Horticulture* **9**(2): 91-96.

Jauhari Shiva. 2006. Reprodução de híbridos em snapdragon *(Antirrhinum majus* L.) Tese de doutoramento, Universidade G B Pant, Pantnagar.

Jauhari, Shiva e Singh A K. 2005. Comparative performance of different germplasm of snapdragon *Antirrhinum majus* L). *Journal of Ornamental Horticulture* **8**(3): 216-218.

Juang Ue Dong, Cho Moonsoo e Kim Hongyul. Effect of sucrose on floret senescence and vase life of snapdragon 'Manwall'. *Journal of the Korean Society for Horticultural Science* **42**(3): 331-335.

Kamp J R e Hall S W. 1946. Effect of height of topping on *Antirrhinum majus In:* Actas da Sociedade Americana de Hort. Sci **33** (2): 507508.

Kanwar Kishanswaroop, Singh P, Saxena N K e Singh Kishan P. 2004. Evaluation of China aster varieties under Delhi conditions (Avaliação de variedades de áster da China nas condições de Deli). *Journal of Ornamental Horticulture* **7**(1): 127-128.

Kishore N e Raghava S P S. 2001. Estudos de variabilidade em calêndula africana. *Jornal de Horticultura Ornamental* **4**(2): 105-111.

Larson R A, Tharne C B e Mulks R R. 1985. Crescimento de "plugs" de gerânio e snapdragon fertilizados com micro fertilizante de libertação controlada para aquecimento da zona radicular. *New York Flower Growth Bulletin* **29**(3): 12-16.

Larson R A, Thorne C B e Milks R R. 1985. Crescimento da germinação e "plugs" de snapdragon fertilizados com micro fertilizante de libertação controlada para o aquecimento da zona de podridão. *New York Flower Growers Bulletin* **29**(3): 12-16.

Loeser H. 1977. Resultados do ensaio de snapdragon. *Gartenwelt.* **77**(2): 25-27.

Meylan G e Teipod R. 1979. Estudo comparativo de 94 variedades de Tagetes para plantação em massa. *Revue Horticole Suisse* **52**(2): 44-49.

Miller R O. 1962. Variação das temperaturas óptimas dos snapdragons em função do tamanho da planta. *In*: Actas da Sociedade Americana de Hort. Sci (**81**): 535-543.

Montero F, Herrera J e Alizago R. (1990). Efeito do ácido giberélico e do pré-refrigerante na quebra de dormência das sementes de snapdragon (*Antirrhinum majus*). *Agronomía Costarricense* **14**(1): 55-60.

Noto G e Romano D. 1989. Calendário de cultivo do Snapdragon *(Antirrhinum majus* L.) em estufa fria. *Ata Horticulturae* **(246)**: 175-181.

Patnaik N e Mohanty G R. 2002. Genetic variability, heritability and genetic advance in African Marigold *(T. erecta* L.) *Orrisa Journal of Horticulture* **30**(2): 35-38.

Pfister J M e Widholm J M. 1984. Regeneração de plantas a partir de culturas de tecidos de snapdragon. *HortScience* **19**: 852-854.

Poornima G, Kumar D P e Seetharama G K. 2006. Avaliação de genótipos de áster da China *(Callistephus chinesis* L.) na zona média de Karnataka. *Journal of Ornamental Horticulture.* **9**(3): 208-211.

Rak J e Nowak J. (1988). O efeito das hormonas vegetais no enraizamento e crescimento de estacas de snapdragon (*Antirrhinum majus* L). *Ata Horticulturae* **226**(2): 503-508.

Rak J e Nowak J. (1989). O efeito do ácido giberélico no crescimento e na floração de estacas de snapdragon. *Ata Horticulturae* **(251)**: 67-69.

Raulston J C. 1970. Relação dos grupos de resposta do snapdragon com o desempenho da cultivar na produção de campo na Flórida. *In*: Actas da Sociedade de Horticultura do Estado da Florida **83**: 449-454.

Reddy E N, Muthuswami S, Irulappan I e Abdula Khader M L. 1989. Heterose e capacidade de combinação para rendimento e componentes de rendimento em calêndula africana *(Tagetes erecta* L.). *South Indian Horticulture* **36**(1): 51-61.

Robinowitch H D, Hedley C L e Arthur A E. 1976. Variation in budding and flowering time of commercial cultivars of *Antirrhinum majus* L. *Scientia Horticulturae* **5**: 287-291.

Rogers M N. 1951. Greenhouse Soil fertility Analysis and Interpretation (Análise e interpretação da fertilidade do solo em estufa). Tese de Mestrado, Universidade do Missouri, Columbia, Missouri.

Sanderson K C e Link C B. 1967. The influence of temperature and photoperiod on the growth and quality of winter and summer cultivar of Snapdragon, *Antirrhinum majus* L. *In:* Proceedings of American Society for Hort. Sci **91**: 598-611.

Sanderson K C e Martin W C. 1984. Avaliação e calendarização de cultivares de snapdragon. *Boletim, Agricultural Experiment Station*, Auburn University **(468):** 27.

Sangwan R S e Harada H. 1975. Chemical regulation of callus growth, organogenesis, plant regulation and somatic embryogenesis in *Antirrhinum majus* tissue and cell cultures. *Journal of Experimental Botany* **26**: 868-881.

Schroedar Kenneth R e Stimart Dennis P. 2001. Genetic analysis of cut flower longevity in *Antirrhinum majus* (Análise genética da longevidade da flor de corte em *Antirrhinum majus). Journal of American Society of Horticulture Sciences* **126**(2): 200-204.

Singh A K e Jouhari Shiva. 2006. Assessment o snapdragon (*Antirrhinum majus* L.) germplasm for various traits. *Indian Journal of agricultural Sciences* **76**(8): 462-464.

Singh A K e Martolia Kusum. 2006. Variações morfológicas e avaliação do germoplasma de tremoço *(Lupinus hartwegii* L.). *Journal of Ornamental Horticulture* **9**(3): 169-173.

Singh Deepti e Singh A K. 2006. Caracterização de genótipos de calêndula africana *(Tagetes erecta* L.) utilizando caracteres morfológicos. *Journal of Ornamental Horticulture* **9**(1): 40-2.

Singh Dheeraj, Sen N L e Sindhu S S. 2003. Avaliação do germoplasma de calêndula em condições semi-áridas do Rajastão. *Haryana Journal of Sciences* **32**(3&4): 206-209.

Singh J e Arora J S. 1980. Estudos de variabilidade de alguns caracteres quantitativos em snapdragon (*Antirrhinum majus* L). *Journal of Research, Índia.* **17**(3): 258-261.

Sreekala C, Raghava S P S, Misra R L e Voleti, S R. 2002. Avaliação da variabilidade dos carotenóides e dos componentes do rendimento da calêndula africana. *Journal of ornamental Horticulture* **5**(2): 5-7.

Stefanis J P e Langhans R W. 1982. Produção de Snapdragon com irradiação suplementar de lâmpadas de sódio de alta pressão. *HortScience* **17**(4): 601-603.

Stieve S M e Stimart D P. 1994. Análise genética da longevidade pós-colheita em *Antirrhinum majus* L. *HortScience* **29**: 435.

Tirakannanavar Shantappa, Chauvan Mukesh, Devappa V, Reddy B S e Kukanoor Laxman. 2004. Estudo dos parâmetros de qualidade das sementes em diferentes genótipos de China aster (*Callistephus chinensis*). *Journal of Ornamental Horticulture* **7**(3-4): 125-127.

Departamento de Comércio dos EUA. 1982.1979 Censo de especialidades hortícolas. Departamento de Comércio dos EUA, Gabinete de Recenseamento, Recenseamento Agrícola de 1978, Vol.5 Special Rpts. Parte 7.

Departamento de Comércio dos EUA. 1991. Censo das especialidades hortícolas (1988). Recenseamento Agrícola da Horticultura (1978), Vol.4.

Von Auw P. 1990. Contribuição para o estudo comparativo de 40 cultivares de Antirrhinum na escola botânica e no jardim da cidade de Genebra. *Revue Horticole Suisse* **63**(4): 89-93.

More Books!

yes

I want morebooks!

Buy your books fast and straightforward online - at one of world's fastest growing online book stores! Environmentally sound due to Print-on-Demand technologies.

Buy your books online at
www.morebooks.shop

Compre os seus livros mais rápido e diretamente na internet, em uma das livrarias on-line com o maior crescimento no mundo! Produção que protege o meio ambiente através das tecnologias de impressão sob demanda.

Compre os seus livros on-line em
www.morebooks.shop

info@omniscriptum.com
www.omniscriptum.com

OMNIScriptum

MIX
Papier aus verantwortungsvollen Quellen
Paper from responsible sources
FSC® C105338

Printed by Books on Demand GmbH, Norderstedt / Germany